BEI GRIN MACHT SICH IHR
WISSEN BEZAHLT

AF149100

- Wir veröffentlichen Ihre Hausarbeit,
  Bachelor- und Masterarbeit

- Ihr eigenes eBook und Buch -
  weltweit in allen wichtigen Shops

- Verdienen Sie an jedem Verkauf

Jetzt bei www.GRIN.com hochladen
und kostenlos publizieren

Bastian Knobloch

Die Krise des Wintersporttourismus in den Alpen - Anpassungsstrategien für eine erfolgreiche Zukunft

GRIN Verlag

Bibliografische Information der Deutschen Nationalbibliothek:

Die Deutsche Bibliothek verzeichnet diese Publikation in der Deutschen National-
bibliografie; detaillierte bibliografische Daten sind im Internet über http://dnb.d-
nb.de/ abrufbar.

Impressum:

Copyright © 2005 GRIN Verlag GmbH
Druck und Bindung: Books on Demand GmbH, Norderstedt Germany
ISBN: 978-3-656-62000-6

Dieses Buch bei GRIN:

http://www.grin.com/de/e-book/109312/die-krise-des-wintersporttourismus-in-den-
alpen-anpassungsstrategien

Johannes-Gutenberg-Universität Mainz
-Geographisches Institut-
WS 2004/2005

Hausarbeit im Rahmen des Proseminars:
Geographie des Tourismus

Verfasser: Bastian Knobloch
Abgabe: 10.03.2005

Die Krise des Wintersporttourismus in den Alpen
Anpassungsstrategien für eine erfolgreiche Zukunft

Bastian Knobloch

Geographie, Diplom (3. Sem.)
Politikwissenschaft, NF (2. Sem.)
Ethnologie, NF (3. Sem.)

Inhalt:

1. Einleitung   S. 2

2. Entwicklung des Winter-Massentourismus in den Alpen seit den 60er Jahren   S. 2

3.Die Krise des Wintertourismus in den Alpen   S. 3

4. Intensivierung der Wintersaison   S. 4

     4.1. Beschneiungsanlagen   S. 5

     4.2. Transportanlagen   S. 5

     4.3. Events, Großveranstaltungen & Trendsportarten   S. 6

     4.4. Kooperationen zwischen einzelnen Skigebieten   S. 7

5. Vier-Jahreszeiten-Tourismus und Abbau der Saisonalität   S. 7

     5.1. Sporttourismus   S. 8

     5.2. Familientourismus   S. 8

6. Vergleich/ Fazit   S. 9

7. Literaturverzeichnis   S. 11

1. Einleitung

Der Tourismus, insbesondere der Wintersporttourismus besitzt in den Alpen seit den 60er Jahren einen ungemein hohen Stellenwert. Die Seilbahnunternehmen und die Gastronomie investieren jedes Jahr hohe Beträge zur Verbesserung der touristischen Infrastruktur. Auch die Gästezahlen zeigten über lange Jahre ein kontinuierlich hohes Wachstum. Seit Mitte der 90er Jahre stagnieren die Gästezahlen im Wintertourismus und gehen mancherorts sogar leicht zurück. So sank im Winter 1996/97 die Zahl der Übernachtungen in Österreich um 3,4% im Vergleich zum Vorjahr (MÜLLER 2002: 173).

Für diese Entwicklung wird einerseits der Rückgang der Schneesicherheit durch die globale Erwärmung verantwortlich gemacht. Andererseits befindet sich der Wintersporttourismus in einem Strukturwandel, vom Skiurlaub für die Masse hin zum Fun- und Erlebnisurlaub für finanziell besser gestellte Schichten (MÜLLER 2002: 172), den es zu bewältigen gilt. Durch diese Krise des Wintersporttourismus wird ein Umdenken bei den Verantwortlichen nötig sein, um die Einnahmen und den wichtigen Wirtschaftsfaktor Tourismus weiter sichern zu können.

Die Tourismusverantwortlichen vor Ort sind nun in der Situation, Erfolg versprechende Strategien zur Bewältigung dieses Prozesses zu entwickeln. Daher ergibt sich die Frage, welche verschiedenen Anpassungsstrategien existieren, um dem erwarteten Gästerückgang entgegenzuwirken und wie deren Erfolgspotential für die Wintersportorte zu bewerten ist?

Anfangs soll die Entstehung des Wintersporttourismus als Massenphänomen ab den 60er Jahren beschrieben werden. Danach folgt die Darstellung der Entstehung der Krise und ihre Gründe. Im nächsten Teil werden mögliche Strategien zur Anpassung an diesen Prozess vorgestellt. Diese werden aufgeteilt in Strategien, die die Nutzung in der Wintersaison intensivieren und Strategien, die auf einen Vier-Jahreszeiten-Tourismus, das heißt eine Aktivierung der Sommer- oder Zwischensaison, setzen. Abschließend sollen zusammenfassend die Erfolgspotentiale der einzelnen Strategien bewertet und verglichen werden.

2. Entwicklung des Winter-Massentourismus in den Alpen seit den 60er Jahren

Die Alpen wurden schon seit Mitte des 19. Jahrhunderts touristisch genutzt. Allerdings beschränkte sich die Nutzung auf „Entdeckungs"- und Sommertourismus. Im Laufe der 60er Jahre überholte der Winter- den Sommertourismus allerdings als wichtigste Einnahmequelle im Alpenraum (LENTZ & KRAAS 2003: 40). So stieg die Anzahl der Gästenächtigungen pro Jahr zum Beispiel in Österreich im Zeitraum von 1961 bis 1973 von 47,5 auf 102,3 Mio. (LICHTENBERGER 1997: 184). Diese starke Zunahme an Übernachtungen wurde größtenteils innerhalb der Wintersaison erzielt. Mit diesem Trend einher ging ein starker Ausbau der Infrastruktur in den Wintersportorten, sowohl für die Gästeunterbringung als auch die Erschließung und den Transport in die Skigebiete. Dieser Prozess wurde in den 70er und 80er Jahren noch einmal weiter intensiviert, als die Wintersporteuphorie ihren Höhepunkt erlebte und in den großen Skigebieten schwerwiegende Landschaftseingriffe, sowie der Bau von Beschneiungsanlagen vorgenommen wurden. Auch die Entstehung der Retortenstädte in den Alpen, wie zum Beispiel in Lac de Tignes, ist in den 70er Jahren anzusiedeln (GÜTHLER 2003: 2).

In vielen Gebieten entwickelte sich in der Folge eine wirtschaftliche Monostruktur, die ihre Einnahmen fast ausschließlich im Winterhalbjahr erzielte. Es wurden jährlich stattliche Zuwachsraten erzielt. So wurden allein in Österreich im Jahr 1994 150,2 Mrd. Schilling (entspricht 10,9 Mrd. €) im Tourismusbereich erwirtschaftet und es waren 10% aller Beschäftigten im Tourismussektor tätig (LICHTENBERGER 1997: 182,184).

Diese Abhängigkeit der Wirtschaft und des Tourismus-Betriebes von nur einer Saison macht diesen Bereich auch sehr anfällig für Krisen.

3. Die Krise des Wintertourismus in den Alpen

Die Wintersaison wird von Tourismusverantwortlichen zu Recht als die „cash-cow" im Alpenraum bezeichnet. Im Wintersporttourismus werden die meisten Einnahmen erzielt und auch die Einnahmen pro Gast und Übernachtung liegen höher als im Sommer.

Allerdings zeichnet sich seit Mitte der 90er Jahre eine Krise in der Wintersaison ab. Dafür sind verschiedene Faktoren verantwortlich. Zum einen sinkt durch die globale Erwärmung die Anzahl schneesicherer Tage in den meisten Skigebieten. Außerdem steigt seit diesem Zeitraum auch die Konkurrenz, einerseits der Destinationen innerhalb der Alpen untereinander, andererseits durch Destinationen in wärmeren Gebieten, erheblich (LENTZ & KRAAS 2003: 40).

Die Schneesicherheit gilt als die wichtigste Determinante, der die Ausübung von Wintersport und der Betrieb in den Wintersportorten unterliegen. Sie wird per Definition durch die 100-Tage-Regel festgelegt. Diese besagt, dass „die Schneesicherheit eines Gebietes gewährleistet ist, wenn in der Zeitspanne vom 16. Dezember bis zum 15. April an mindestens 100 Tagen eine für den Skisport ausreichende Schneedecke von mindestens 30 cm (…) vorhanden ist." (ELSASSER, BÜRKI & ABEGG 2000: 35). Durch eine Klimaerwärmung um 2°C würde sich die Schneegrenze um durchschnittlich 300 m nach oben verschieben. Dies hätte beispielsweise in der Schweiz zur Folge, dass nur noch 63% der Skigebiete als schneesicher bezeichnet werden könnten (heute liegt dieser Wert noch bei 85%). Es zeigt sich also, dass die Klimaerwärmung eine hohe Gefährdung für die Ausübung von Wintersport in der Zukunft darstellt. Vor allem tiefer gelegene Gebiete werden große Probleme haben weiterhin den Betrieb aufrecht zu erhalten. Aus diesem Prozess wird auch eine Umstrukturierung der Skigebiete im Alpenraum und eine Konzentration auf die höher gelegenen resultieren. Denn nur Gebiete in höheren Lagen mit ausreichend Schnee und somit auch einer ausreichend langen Saison werden sich längerfristig halten können (ELSASSER & BÜRKI 2003: 868,869).

Auch auf der Seite der Touristen wird die sinkende Schneesicherheit Veränderungen hervorrufen. Rolf BÜRKI fand im Rahmen einer Gästebefragung in den Schweizer Alpen heraus, dass die Schneesicherheit als Beweggrund Nummer 1 bei der Wahl des Skigebietes angegeben wird. Bei einer geringeren Schneesicherheit gab rund ein Drittel der Befragten an in Zukunft weniger Ski fahren zu wollen (BÜRKI 2000: 97).

Es bieten sich für die Wintersportgebiete nun unterschiedliche Strategien, um sich an den Krisenprozess anzupassen und das wirtschaftliche Überleben weiterhin zu sichern. Es stellt sich für die Gebiete die Frage, ob für sie einen Intensivierung und noch stärkere Konzentration auf die Wintersaison oder eine Orientierung in Richtung der Sommer- oder Zwischensaison der „richtige" Weg ist. Auf verschiedene Alternativen in diesem Rahmen soll im folgenden Teil eingegangen werden.

4. Intensivierung der Wintersaison

Die verstärkte Konzentration auf die Wintersaison wird bisher noch von den meisten Tourismusverantwortlichen als der „goldene Weg" gesehen. Jedoch ist diese Strategie nicht universell für alle Skigebiete die optimale Lösung zu. In manchen Gebieten könnten sich die Investitionen nicht auszahlen und so würde dort eine Intensivierung der Wintersaison in den Ruin führen. Es gibt verschiedene Möglichkeiten für Skigebiete durch Investitionen im Winter für die Touristen attraktiv zu bleiben und auch der zurückgehenden Schneesicherheit entgegenzuwirken. Einige davon sollen im Folgenden mit ihren Vor- und Nachteilen vorgestellt werden.

4.1. Beschneiungsanlagen

Der Einsatz von Beschneiungsanlagen in den Alpen steht in einem Spannungsfeld zwischen ökonomischen und ökologischen Sachzwängen. Einerseits sehen viele Seilbahnunternehmen die Erzeugung von Kunstschnee als die optimale Möglichkeit, um der steigenden Schneegrenze und dem damit verbundenen Rückgang der Schneesicherheit entgegenzuwirken. Andererseits ist die Errichtung von Beschneiungsanlagen mit massiven Landschaftseingriffen und einem hohen ökologischen Gefährdungspotential verbunden. Außerdem sind sehr hohe Investitionen für die Beschneiung notwendig. Diese werden im Rahmen der inneralpinen Konkurrenz oft auch getätigt, wenn absehbar ist, dass die Gewinne die Kosten bei weitem nicht decken können. Für einen Kilometer beschneibare Piste sind Investitionen von 650.000 Euro und Betriebskosten von rund 33.000 Euro pro Winter nötig (GÜTHLER 2003: 9).

Aber auch die ökologischen Folgen, die die Errichtung von Beschneiungsanlagen nach sich ziehen, werden von Kritikern oft betont. So wird durch Kunstschnee zum Beispiel die Frostdauer und -tiefe im Boden verlängert und der Wasserhaushalt der Region nachhaltig gestört, da zum Betrieb große Mengen Wasser benötigt werden. Des Weiteren erhöht sich die Erosionsgefahr während der Schneeschmelze. Auch das Strom- und Wasserleitungsnetz, für das kilometerlang Schläuche und Kabel verlegt werden, verändert die Landschaft erheblich.

Dem halten die Seilbahnbetreiber entgegen, dass eine Kunstschneepiste den ganzen Winter über mit einer ausreichenden Schneedecke bedeckt ist. So würden mechanische Zerstörungen der Pflanzendecke durch Skikanten oder Pistenfahrzeuge verhindert. Auch würde ein Kanalisierungseffekt der Skifahrer erreicht, da diese die beschneiten Pisten benutzen und sich nicht abseits der Pisten bewegen. Als letzter Punkt wird angeführt, dass durch Beschneiung der wirtschaftliche Erfolg eines Skigebietes und so auch dessen Arbeitsplätze gesichert werden könnten (PARTSCH 1990). Die Touristen wissen, dass die Beschneiung ebenfalls ein wichtiger Faktor ist, um die Schneesicherheit in ihrem Skigebiet zu gewährleisten. Allerdings werden auch hier, auf der Nachfragerseite, die negativen Aspekte wahrgenommen, was zu einer insgesamt kritischen Beurteilung des Einsatzes von Kunstschnee führt (BÜRKI 2000: 95).

4.2. Transportanlagen

Durch das Ansteigen der Schneegrenze in den nächsten Jahrzehnten wird nur Skigebieten, die

5

mit bodenunabhängigen Transportanlagen (Sessellifte oder Seilbahnen) Gebiete über 2000 m erschließen können, eine positive Entwicklungsperspektive in Aussicht gestellt (ELSASSER & BÜRKI 2003: 869). Es liegt auf der Hand, dass daher in den meisten Skigebieten große finanzielle Anstrengungen unternommen werden, um die Seilbahnen zu modernisieren und auszubauen. Insgesamt geht die Anzahl der Lifte in den Alpen zurück (so zum Beispiel in Österreich im Zeitraum zwischen 1979/80 und 1997/98 von 3470 auf 3339 Anlagen), gleichzeitig werden aber die Förderkapazitäten erhöht. Der Grund für diese Entwicklung liegt in der Stilllegung unrentabler, kleiner Anlagen bei gleichzeitiger Modernisierung und Kapazitätssteigerung in den großen Skigebieten (GÜTHLER 2003: 7). Weiterhin werden auch Neuerschließungen der höher gelegenen Gebiete in Angriff genommen.

Dabei werden vielfach auch in der sensiblen Hochgebirgsregion oberhalb von 2500 m Seilbahnen, Pisten und andere touristische Infrastruktur errichtet. Derzeit sind alpenweit 81 Skigebietserweiterungen geplant, von denen bereits neun realisiert und 18 weitere bewilligt wurden (GÜTHLER 2003: 9). Auch bei den Gästen wird der Ausbau der Skigebiete in die höheren Regionen als nicht unwichtig erachtet. So gaben bei BÜRKIs Erhebung 47% der Befragten an, die Erschließung neuer, höher gelegener Gebiete sei ein wichtiges Argument bei der Wahl des Skigebietes (BÜRKI 2000: 95).

4.3. Events, Großveranstaltungen & Trendsportarten

Eine weitere Möglichkeit für Wintersportgebiete, ihre Attraktivität aufrecht zu erhalten oder gar zu steigern stellen das Ausrichten von Events und Großveranstaltungen, sowie die Konzentration auf Trendsportarten dar.

Der Wettbewerb von großen Skigebieten um die Ausrichtung von sportlichen Großveranstaltungen, wie zum Beispiel alpinen Skiweltmeisterschaften, ist nicht neu. Die Austragung eines solchen Ereignisses ist zwar mit hohen Investitionen verbunden, allerdings trägt sie auch meist zu einer Infrastruktur- und Imageverbesserung der Region bei.

Ein neuerer Trend sind Partys und Events. So finden in immer mehr Gebieten Saison-Opening oder -Closing Veranstaltungen statt. Diese sind oft verbunden mit Test- und Sonderaktionen der Skihersteller oder anderen Veranstaltungen außerhalb des Wintersportbetriebes. Auch während der Saison versuchen große Gebiete die Gäste mit Events zu locken. Ein Beispiel für diese Strategie ist das Skigebiet im österreichischen Ischgl, wo seit einigen Jahren einmal pro Saison das „Top of the mountain"-Konzert mit internationalen Musikstars stattfindet. Solche Veranstaltungen richten sich an ein junges Zielpublikum, genau wie die neueren Trendsportarten im Winter.

Mit dem Snowboardboom seit den 90er Jahren eröffnete sich der Wintersportindustrie ein neuer Markt. Mit der Erfindung des Carvingski zog die Skisparte einige Jahre später nach. Mittlerweile gibt es in vielen Skigebieten Fun-Parks und ausgewiesene Pistenbereiche, die speziell an die Bedürfnisse der jungen Trendsportgeneration angepasst sind. Die weitere Inszenierung des Lifestyles im Wintersport findet sich abseits der Pisten in der immer wachsenden Anzahl von Diskos und Après-Ski Bars (MÜLLER 2002: 174).

4.4. Kooperationen zwischen einzelnen Skigebieten

In der wirtschaftlichen Krisensituation, in der sich viele Skigebiete befinden, rückt als neuer Bewältigungsansatz die Kooperation untereinander immer mehr in den Vordergrund. In den letzten Jahren ließ sich ein Trend zu großflächigen Kooperationen und dem Zusammenschluss vieler Gemeinden zu einer Skiarena erkennen. Dieser Prozess spielt sich vor allem in den relativ niedriger gelegenen Regionen und kleineren Skigebieten ab. Hier wollen die einzelnen Wintersportorte durch den Verkauf von „Megaskipässen" die Abwanderung der Touristen in die höher gelegenen Gletschergebiete verhindern (GÜTHLER 2003: 5). Auch sollen in diesen Regionen die kleineren Orte, die alleine den Betrieb einstellen müssten, durch den Sogeffekt der größeren Skigebiete im Verbund, gerettet werden. Ein Beispiel für diese Situation ist der „3-Täler-Superpass" in Vorarlberg, dem viele Wintersportgemeinden unterschiedlicher Größe angehören (Vorarlberger Landesregierung 2003: 22). Im Rahmen dieser Veränderungen werden auch immer öfter einzelne Skigebiete durch den Bau neuer Anlagen zu zusammenhängenden, größeren Skigebieten erweitert. Der ökologische Aspekt bleibt hier oft völlig auf der Strecke und wird vor dem Hintergrund der ökonomischen Notwendigkeit als notwendiges Übel eingestuft.

5. Vier-Jahreszeiten-Tourismus und Abbau der Saisonalität

Die zweite Alternative zur Bewältigung der Krise im Winter stellt die Verlagerung des Tourismus in andere Jahreszeiten dar. So soll der starken Abhängigkeit der Branche von der Wintersaison und dem Schnee entgegengewirkt werden. Die Intensivierung der Sommersaison wird allerdings nur in wenigen Regionen konsequent verfolgt.
Hier existieren auch wieder verschiedene Varianten der Nutzung im Sommer. Oft erfolgt aber eine Orientierung auf Familien oder sportinteressierte Touristen und der Versuch, den Nachhaltigkeitsaspekt stärker mit einzubeziehen. Eine Region, in der diese Strategien in den

letzten Jahren verstärkt angewandt wurden, ist der Nationalpark Hohe Tauern in Österreich (Nationalparkverwaltung Kärnten 2004). Einige Möglichkeiten zur Intensivierung der Sommersaison sollen an diesem Beispiel gezeigt werden. Eine weitere Alternative ist die Aktivierung der Zwischensaisons. Dies kann eine Verlängerung der Hauptsaison durch Sonderangebote bedeuten. Eine andere Option ist, sich auf jahreszeitlich unabhängige Tourismusformen, wie Seminar- oder Bädertourismus zu verlagern (ABEGG, ELSASSER 1996: 742). Auf diese Formen soll im Weiteren allerdings nicht eingegangen werden.

5.1. Sporttourismus

Zu den Touristen, die sich auch im Sommer in den Alpen aktiv betätigen, zählen schon seit langem Wanderer und Kletterer. Heute wird auch der Markt für Trendsportarten wie Mountainbiking, Rafting, Canyoning oder Nordic Walking immer größer und wichtiger.

Im Nationalpark Hohe Tauern wird das Angebot für Aktiv- und Sporturlaub auch in vielen Sparten ausgebaut. So wurde im Gasteiner Tal die „Bewegungsarena Gastein" geplant, die im Mai 2005, zum Beginn der Sommersaison ihren Betrieb aufnehmen wird. Auf 121 km markierten Wegen können hier sämtliche Formen des Fitness- und Aktiv-Urlaubes ausgeübt werden (Gasteinertal Tourismus GmbH 2005a). Ebenso existieren ein Netz von Radwegen und Mountainbike-Strecken in unterschiedlichen Schwierigkeitsstufen sowie zahlreiche Fahrradverleihe (Gasteinertal Tourismus GmbH 2005b). Es werden jährlich neue Investitionen getätigt, um das bestehende Angebot zu verbessern und auch zu erweitern.

Aber auch der Sporttourismus im Sommer ist nicht frei von Nachteilen. So entstehen auch in dieser Saison Schädigungen des Ökosystems durch die Touristen. Diese werden hauptsächlich von Mountainbikern, aber auch Wanderern verursacht, die sich abseits markierter und präparierter Routen bewegen.

5.2. Familientourismus

Die Orientierung auf Familien als Zielgruppe fällt in die Sommersaison und speziell in die Zeit der Schulferien.

Im Nationalpark Hohe Tauern wird das Angebot im Sommer für Familien stetig erweitert. Es existiert ein Familienwanderweg, der auch in Zukunft weiter ausgebaut werden soll. Er zeichnet sich, auch nach Meinung der Gäste, durch die schöne landschaftliche Umgebung und den nicht zu hohen Schwierigkeitsgrad aus (Nationalparkverwaltung Kärnten 2004: 10,11).

Darüber hinaus existieren zahlreiche Naturerlebnis-Angebote, die auch familien- und kinderfreundlich gestaltet sind und die touristische Attraktivität der Region erhöhen sollen. So ist zum Beispiel geplant, den historischen Goldbergbau im Großen Zirknitztal touristisch aufzubereiten. Es sollen ehemalige Stollen zugänglich gemacht werden und entlang eines Rundwanderweges Info-Tafeln aufgestellt werden (Nationalparkverwaltung Kärnten 2004:12). Auch finden sich in der Region zahlreiche Angebote für Ferien auf dem Bauernhof und Pensionen sowie Hotels, die sich auf Kinder und Familien spezialisiert haben.

Das soll allerdings nicht darüber hinwegtäuschen, dass der Familienurlaub nur schwer zu etablieren ist, da die Zielgruppe doch relativ klein ist. So fehlen die Einnahmen, um diese Tourismusform flächendeckend zu festigen und sie zu einer echten Alternative zu machen.

6. Vergleich/ Fazit

Ein Vergleich oder Fazit zu dieser Thematik muss unter Vorbehalt gezogen werden, da aufgrund ihrer spezifischen Gegebenheiten nicht alle Tourismusorte und –regionen exakt miteinander vergleichbar sind.

Trotzdem lässt sich feststellen, dass Wintersporttourismus in Zukunft nur in höher gelegenen Regionen möglich und auch rentabel sein wird. Kleinere und tiefer gelegene Orte werden nach und nach Gäste an die größeren Skiorte und Arenen verlieren und so aus dem Wettbewerb ausscheiden. Die großen Skigebiete werden von der Entwicklung profitieren. Durch den vermehrten Gästezulauf kann hier investiert werden. In diesen Fällen wird sich die Konzentration auf den Winter auch auszahlen und angewandt werden. Die Investitionen, vor allem in Beschneiungsanlagen und sonstige technische Infrastruktur, führen allerdings zu einer noch stärkeren Umweltschädigung, als dies jetzt schon der Fall ist. Nachhaltige Alternativen werden im Wintersport kaum in Betracht gezogen, was die sensiblen Ökosysteme im Hochgebirge in diesen Gebieten zerstören könnte.

Die Intensivierung der Sommersaison ist im Vergleich deutlich schwerer zu bewerkstelligen. Auf diese Alternative werden sich wohl die tiefer liegenden Gebiete verlegen müssen, da sie als erstes vom Schneemangel betroffen sein werden. Ob allerdings die Sommersaison so lukrativ genutzt werden kann wie die Wintersaison bisher, muss in Frage gestellt werden. Es ist nicht zu erwarten, dass außerhalb der Wintersaison ähnlich hohe Einnahmen erzielt werden können. Deshalb sind diese Regionen in der Situation, ihre Wirtschaftsstruktur umbauen zu müssen, wenn sie bisher stark vom Wintertourismus abhängig waren. Wenn dies nicht geschieht, würden diese ländlichen Regionen vor dem Ruin stehen.

Ein Problem aber werden alle Regionen und Orte gemeinsam haben. Die wachsende Konkurrenz durch Länder in wärmeren Gefilden und Badeurlaub, der im Verhältnis immer günstiger wird.

Es zeigt sich also, dass die Tourismusregionen in den Alpen vor einer Herausforderung stehen, deren Bewältigung alles andere als einfach ist. Von den verschiedenen gezeigten Alternativen kann keine für sich in Anspruch nehmen, die einzig richtige zu sein. Die einzig sichere Tatsache ist, dass der Tourismus in den Alpen nicht wie bisher weitergeführt werden kann. Egal welche Strategien angewandt werden, es sollte in naher Zukunft damit begonnen werden. Sonst werden viele Regionen in einigen Jahrzehnten touristisch ausgestorben sein, denn Alternativen zum Tourismus gibt es vielerorts kaum (ELSASSER, BÜRKI & ABEGG 2000: 40).

7. Literaturverzeichnis

ABEGG, B. & H. ELSASSER (1996): Klima, Wetter und Tourismus in den Schweizer Alpen. Geographische Rundschau 48 (12): 737-742.

BÜRKI, R. (2000): Klimaänderung und Anpassungsprozesse im Wintertourismus (= Publikationen der ostschweizerischen geographischen Gesellschaft, Heft 6). St. Gallen.

ELSASSER, H. et al. (2000): Klimawandel und Schneesicherheit. Petermanns geographische Mitteilungen. 144 (4): 34-41.

ELSASSER, H. & R. BÜRKI (2003): Auswirkungen von Umweltveränderungen auf den Tourismus - dargestellt am Beispiel der Klimaänderung im Alpenraum. In: Becker, C. et al. (Hrsg.): Geographie der Freizeit und des Tourismus, Bilanz und Ausblick. München: 864-875.

Gasteinertal Tourismus GmbH (2005a): Bewegungsarena Gastein. Internet: http://www.gastein.com/de-alpin-bewegungsarena.shtml (08.03.2005).

Gasteinertal Tourismus GmbH (2005b): Gasteins Natur- und Berglandschaft auf zwei Rädern „erfahren". Internet: http://www.gastein.com/de-alpin-rad.shtml (08.03.2005).

GÜTHLER, A. (2003): Aufrüstung im alpinen Wintersport, Ein Hintergrundbericht. Internet: http://www.alpmedia.net/pdf/Hintergrundbericht_Wintersport_D.pdf (27.02.2005).

LENTZ, S. & F. KRAAS (2003): Alpen: Fremdenverkehrsorte – Konkurrenz und Spezialisierung. Petermanns geographische Mitteilungen 147 (2): 40-45.

LICHTENBERGER, E. (1997): Österreich. Darmstadt.

MÜLLER, S. (2002): Die Inszenierung der österreichischen Alpen für den Wintertourismus - Schilift, Pistenbau und Kunstschnee in Saalbach-Hinterglemm. Dortmunder Beiträge zur Raumplanung 109: 172-182.

Nationalparkverwaltung Kärnten (2004): Volontärbericht 2004. Internet: http://www.hohetauern.at/phpdocs/uploads/20041203084800-ozpvfxvnmzjhbxngcspk.pdf (07.03.2005).

PARTSCH, K. & ZAUNBERGER, K. (1990): Alpenbericht. Sonthofen.

Vorarlberger Landesregierung (2003): Regionale Entwicklungsstudie Bregenzerwald, Raumkultur und Tourismus, Schwerpunkt Tourismus, Endbericht. Bregenz.